和平旧影

宋文铎·绘　宋文力·注

天津出版传媒集团

百花文艺出版社

图书在版编目（CIP）数据

和平旧影 / 宋文铎绘；宋文力注. -- 天津：百花
文艺出版社, 2022.3
ISBN 978-7-5306-8216-6

Ⅰ. ①和… Ⅱ. ①宋… ②宋… Ⅲ. ①建筑画-作品
集-中国-现代②和平区-概况 Ⅳ. ①TU204.132
②K922.13

中国版本图书馆 CIP 数据核字(2022)第 002727 号

和平旧影
HEPING JIU YING

宋文铎 绘　宋文力 注

出 版 人：薛印胜　　　　　　　装帧设计：郭亚红
责任编辑：赵世鑫
出版发行：百花文艺出版社
地址：天津市和平区西康路 35 号　邮编：300051
电话传真：+86-22-23332651（发行部）
　　　　　+86-22-23332656（总编室）
　　　　　+86-22-23332478（邮购部）

网址：http://www.baihuawenyi.com
印刷：山东临沂新华印刷物流集团有限责任公司
开本：787×1092 毫米　　　1/16
字数：153 千字
印张：8.75
版次：2022 年 3 月第 1 版
印次：2022 年 3 月第 1 次印刷
定价：68.00元

如有印装质量问题,请与山东临沂新华印刷物流集团有限责任公司联系调换
地址:山东省临沂市高新技术产业开发区新华路 1 号
电话:(0539)2925659
邮编:276017

宋亮生

宋文铎

宋文复

宋文力

宋亮生、贾碧华夫妇与幼子宋文力

宋氏五姐弟(文兰、文治、文力、文铎、文复)

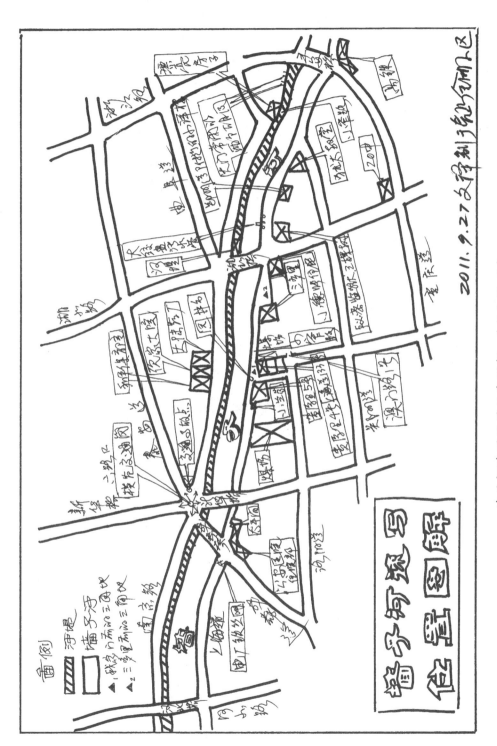

墙子河速写位置示意图解（宋文铎 绘）

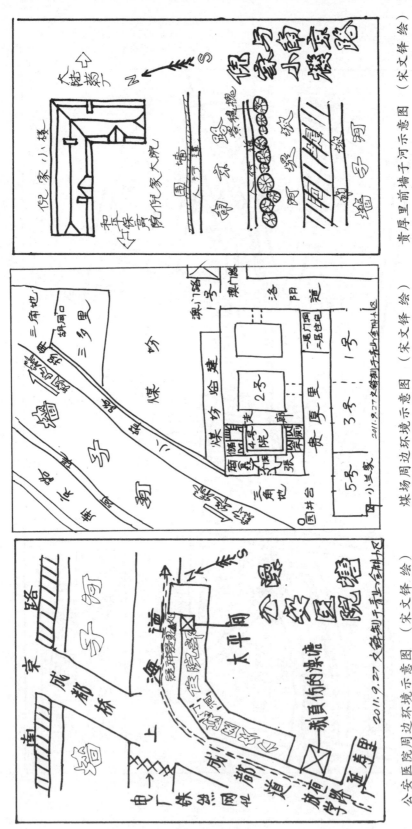

贵厚里前墙子河示意图（宋文绎 绘）

煤场周边环境示意图（宋文绎 绘）

公安医院周边环境示意图（宋文绎 绘）

序言:悠悠墙子河

◎ 罗澍伟

我知道宋文铎先生的大名，还是通过和平区文化和旅游局的相关负责同志的介绍。她告诉我说，宋先生打小就居住在墙子河边的贵厚里。1970 年，流经中心市区的部分墙子河经过改造，成为地铁通道，天津也因此成为北京之外中国第二个建有地铁的城市。想当年，这项工程叫"7047"，我还参加过清淤、运土的义务劳动呢。

宋先生大学毕业，服从分配，去了青岛工作，一晃就是几十年。他对自己的故乡和故居，特别是对生命中那条墙子河，充满了相思与眷恋。

退休后，宋先生梳理自己的青春岁月，特意找出当年的素描图画，对照着图画用文字娓娓道出墙子河的往日景色。这些素描，朴实、真切，足以在记忆的夜空中闪烁着光芒。

人，往往对流逝的东西倍加珍惜，好像只有过去的，成为一种存储的记忆，才能够美好、生动起来。这是因为，有心的人才会有情，才会懂得珍惜与感恩，才会把每天看似寻常的日子，变成有价值的生命。

宋先生不但术有专精，而且业余爱好十分广泛，成绩斐然。其实，人的生活之道，往往需要这样的弹性。在一定意义上说，人生，就是一个自我鞭策、自我奋进的过程，留下了这个过程，晚年就足以自慰了。

最后，衷心祝愿宋先生的耄耋岁月，继续在爱好中升华，继续在画笔和文字中流淌，把人生四季都活成春天。

2018 年 7 月 2 日

弁首:我的墙子河

◎ 宋文铎

自古以来,人们都择水而居,而天津的上海道贵厚里(我家 20 世纪 50 年代至 70 年代曾住在这里)就符合这个条件。墙子河从门前流过,给我留下太多的记忆。

很多 80 后甚至 75 后的人,大约都不记得墙子河了,只知道南京路下面有地铁,却不知这条通衢大道原来是条美丽的小河,穿城而过,这里曾经天那么蓝,水那么绿,桥那么多,人那么美!

一、墙子河的过去

清咸丰十年(1860),为防捻军入津,僧格林沁筑高墙,挖深壕。高墙俗称"墙子",壕沟引水成河环于高墙之外,名曰"墙子河"。墙子河原长 18 千米,后因修建地铁及城区拓展,大部分河道已填平为马路。所余河道长 5.4 千米,北起红桥区小西关通南运河,蜿蜒伸向东南,于南开区长江道与红旗河交汇,再折向东至南丰路引五马路泵站污水,经污水管道在双峰道附近接入卫津河。

清乾隆五年(1740),为引海河水灌溉贺家口、小王庄、佟楼一带农田,人工开挖了一条引水河,名为"贺家口引河",1949 年后改用"废墙子河"之名。此河全长 5.05 千米,西至卫津路八里台桥与卫津河相通,流经和平区、河西区,东至解放南路,与湘江道方涵相接汇入海河。

1949 年前的墙子河,是一条名副其实的臭河。接近河口的河床,宽度只有二三十米,河水颜色完全是黑色的,并且河面不停地冒气泡,臭气熏天。河水缓慢地流动,漂浮着垃圾、树枝、油污以及成团成片的黑色污物,更可怕的是常有河漂子(人的尸体)。当时墙子河实际就是斜贯天津的下水明沟,沿河有众多下水道管口,终日不停地向墙子河倾泻黑绿色污水。

墙子河流过解放南路(1949 年前称威尔逊路)的桥之后,就流向海河的出口。出口处有一道水闸,河岸上还有一栋泵房。泵房里有巨大的水泵,关闭水闸时可将墙子河的水抽到海河中去。为防止河中杂物堵塞泵房的入水口,人们在入水口前装有一道阻挡杂物的铁栅栏。当关闭水闸水泵抽水时,距离水闸 50 米内的河段堆满了由墙子河上游带来的污臭杂物,河漂子自然也会被挡在这段河道里。所以,这里专门准备了一条小木船,有两名打捞人员划着小船,负责打捞。这些河漂子大多为中青年女性,据说很多是已失去接客能力的下层妓女。由此,我们也可以看到 1949年前的社会状况。

二、墙子河的桥

说到墙子河,不可避免地要说河上的桥。人都说最美不过家乡美。是的,虽说河不宽,桥不长,但在孩童的眼中,这些桥却像一道道彩虹架在河上。它们给人们带来了方便,也给城市增添了色彩。

海光寺至海河段的墙子河上, 至少建有十六座桥梁,分别是徐州道桥(木结构)、平安桥(水泥结构)、湖北路桥(水泥结构)、郑州道桥(木结构)、新华路桥(水泥结构)、成都道桥(水泥结构)、河北路桥(水泥结构)、山西路桥(木结构)、耀华桥(水泥结构)、张庄大桥(也称营口道桥,水泥结构)、独山路桥(水泥结构)、锦州道桥(木结构)、哈密道桥(木结构)、鞍山道桥(水泥结构)、万全道桥(木结构)、海光寺桥(水泥结构)。1970 年,修建地下铁路时,地上封土筑起南京路,沿河桥梁全部拆除。

虽然美丽的"彩虹"永远地消失了,但我心中的彩虹一直都在。我家就住在"两道彩虹"之间——新华路桥和湖北路桥之间,当时为贵厚里 4 号(也称上海道 133号),距黄家花园和小白楼都不远。我对附近的几座桥都很熟悉,至今还有深刻的印象。

因为父亲喜欢画画,我们从小也都拿起了画笔。每到放假时,我就带着两个弟弟(四弟文复和五弟文力)沿河写生。由于小白楼一带的建筑较有特色,我们每次出门大都是右拐沿河向东南走。我在 20 世纪 50 年代画的这批风景速写,就多以桥为中心,这充分说明桥在我心中的位置。

回想当年,哥儿仨沿着河边一路走去,看到一处美景后,由我把手搭成个方框取景，然后三人席地而坐，草木的气味扑面而来，用现在的话来说，真是爽极了。待拿出画板画笔，静心作画，旁观的人也逐渐围拢过来，有时我们和"模特"之间几乎成了小胡同。我们不仅画风景，也画人物，只可惜人物画都没保存下来。我的这些作品主要画于1958年，当时我十六周岁，四弟和五弟分别是十三周岁和九周岁，三个小毛头并排习画，画得好坏不说，那本身就是一道独特的风景。人、河、景的交融，再加上大家对我们哥儿仨的赞叹声，就像一首首美妙的交响乐，沁人肺腑。那情景，至今想起来还令人陶醉。

从我家出去，向东南要经过一个煤场的北墙，路窄人稀，每每走过这里，心里总是疑神疑鬼。出了窄路，出现一片开阔地，豁然开朗，那就是另一个居民区——三多里。地震之后老房拆迁，我们家就被安置到了这里的新楼，名字叫新三多里。之前居住的贵厚里从此消失，虽然保留了名字，但我心里总有几分失落。

三、我家附近的桥

出我家向东南行，过三多里不远，第一座桥是湖北路桥。湖北路桥1949年之前名为戈登桥，水泥单孔拱形结构。中间的桥栏是通透的，有花瓶一样的柱栏，下粗上细。若从上往下俯视，两岸桥口呈喇叭状，煞是好看。从桥向北沿曲阜道可到市政府，向南可到我的初中母校天津市第二十中学。现在著名的五大道景区也在这一带。湖北路桥附近是比较安静的，桥北口比较开阔，附近建筑多为小别墅，居民比较少。

再往前走是平安桥。未到郑州道之前，要经过一座犹太教堂。犹太教堂是二层带阁楼的建筑，屋顶陡峭，这使建筑就像一个传教士，天天向路人布道。裸砖的墙面长满爬山虎，更增添了它的神秘感。从这里向河对面望去，有幢美丽的房子，它的墙紧挨着河边。这段河岸很陡，墙与岸之间有条窄路，两人相对走过都要小心翼翼。墙子河和南京路之间是河堤，是用挖河的土堆起来的。河堤很宽，两边种着槐树，隔不远还有铸铁架的木条长椅。浓浓的树荫下，带孩子的、晒太阳的、遛鸟的、下棋的，比比皆是。唯独接近平安桥这一段河堤，成了羊肠小道，南京路在这里拐向小建设路，与河堤分道扬镳。

平安桥每天车水马龙，热闹非凡。桥南边是马场道，桥北边不远是小白楼，到处都是各式西餐厅和西点厅，著名的起士林也坐落于此。1949年前的小白楼马路上，摩肩接踵的大部分应该是金发碧眼的老外吧。我的印象中，小白楼比黄家花园要高一个档次，再加上黄家花园近一点，所以我家一般去黄家花园买东西。

平安桥还有一个特色，就是它的名字。墙子河上的桥，几乎清一色是用路名来命名，只有平安桥和耀华桥（以耀华学校命名）是例外。平安桥的名字来自附近的平安电影院（现在的音乐厅），它是外国人在天津开设的第一家电影院，是一座古罗马剧场式二层楼房。天津电影史上第一部有声电影《歌舞升平》，最早就在这里上映。耀华学校则是英租界内第一所华人学校，意为"光耀中华"。日伪占领天津时期，不畏强暴的校长赵天麟遭到暗杀。

从平安桥再往远走，就是镇江道桥、解放南路桥和海河闸口，我们虽然也画过这些地方，但详细情况就不熟悉了。

打我家出来往西大约百米，经过另一处煤场，就到了新华路桥。从煤场这边沿新华路往里走，可以到洛阳道。新华路桥是一座实心护栏桥，距西边的成都道桥很近。平安桥比邻小白楼，是十足的繁华闹市，可成都道桥比平安桥还热闹，因为它不仅比邻黄家花园，而且还是交通枢纽。即使不算桥南口的上海道，它也是由南京路东段、泰安道、新华路北段、南京路西段、成都道、新华路南段（逆时针）交汇成的六岔路口。沿新华路向北可达劝业场所在的中心商业区，向南可到五大道建筑群；沿南京路向西到耀华中学和西开教堂，向东到小白楼；沿泰安路可到市政府；沿成都道拐西安道可到黄家花园。成都道桥和湖北路桥一样，也是单孔拱桥。

由成都道桥再往西，就是河北路桥和耀华桥，我又不熟悉了。

四、一些散碎记忆

湖北路桥南口附近（今湖北路与南京路口），曾有晚清太监小德张亲自构思绘图的中西合璧式城堡建筑，院内花园有荷花池、假山、凉亭等。一座铁铸的小凉亭尖上有避雷针，并装有飞机形的风向仪。花园有从宫内引进种植的"太平花"，每年春秋各种花树争奇斗艳，景色迷人，是当年墙子河畔的一景。

我家门口与贵厚里5号、墙子河之间，是一小片直角三角形的开阔地，是孩童玩耍的好地方。天津卫流行的那些儿童游戏，也曾在这里天天进行。记得河边有个高出地面六十厘米的圆形井台，是孩子们的集合地点。孩子头儿在那儿一呼百应，神气得很。

我小时候那会儿兴烧煤球，我家东、西两边不远就有两个煤场。那时煤球都是人工摇制，机制煤球是后来的事。摇煤球的人多是河北定县（今河北省定州市）人，他们的先辈闯天津卫，靠摇煤球起家，亲戚投亲戚，都干这一行。"摇煤球儿的"的吆喝，都带有定县尾音，抑扬顿挫，耐人回味。

成都道桥北口交通繁忙。那时还没有自动信号灯，在这儿指挥的交警，很多都成了报纸上的新闻人物。这个岗位是当时的模范岗，这里的警察指挥起来，手势端庄明确，站立姿势潇洒。由于在全国颇有名气，来此观摩的人不少。这里也是个事故多发地，记得有个骑车人为了躲汽车，弃车跑到南京路和泰安道拐角的墙根，结果还是没逃脱掉，惨极了。

成都道桥还承载着我的另两段回忆。高中时我就读于天津市第一中学，成都道桥乃必经之地。上海道和成都道东南不远的地方，就是公安医院住院部，它的太平间紧邻河边，道路窄行人少，是我上下学的必经之路。高三时每天上晚自习，回家走到这里都心惊肉跳的，我就这样过了一年。

还有一段更痛苦的往事。那是我大三寒假的时候，一次洗澡造成百分之七十的烫伤，就在公安医院住院部往南几十米的一个澡堂里。负伤之后，我先被送到曲阜道的公安医院门诊部做紧急处理，然后又被转到公安医院住院部。

耀华桥的得名源自耀华学校，这所学校值得一提。我小时候它叫作十六中，后改名耀华中学，是很有名气的贵族学校，与我的母校天津市第一中学竞争激烈。前几年天津市委、市政府提出"再建几所'南开''耀华'，让孩子们上好学校"的号召，足以证明耀华中学的教学水平和办学实力。

五、河边的童趣

便利的地铁线和宽敞的南京路，早已成为天津城市建设的骄傲，而人们对墙子河的记忆却在逐渐消失。

20世纪70年代以前，墙子河就在现在的南京路的位置。河道不算很宽，只有二十多米吧。北面筑有河堤，堤外就是南京路。马路与河堤之间有灌木和草地。南岸有一条时宽时窄的路，叫上海道。河的两岸绿树成荫，种着不少柳树。柳树粗的有一抱，夏天的柳枝可以垂到河面。

河水大多数时间里还是清澈的，河里长了不少水草，河水因此显得有点绿。河里有不少小鱼小虾，还有红色的鱼虫，有时还能见到尺把长的鱼。很多人用小网兜，在水里来回划拉，捞鱼虫去喂金鱼。

河坡长满了青草。草地里有蚂蚱，有蛐蛐，当然也少不了青蛙。到了夏天，河边的蛙鸣能传很远。河坡比较陡,大人怕小孩失足落水,禁止我们去河边玩。有时趁大人不注意,我们会偷偷结伴跑到河边,捉几只蚂蚱、蛐蛐玩儿,或用自制的小网捞几条小鱼,放在玻璃瓶子里观赏。

春天的时候,经常有走街串巷卖小蝌蚪的。在墙子河里,也可以捞到很多小蝌蚪,我们常拿回家养着,看着它们先长出两条后腿,再长出两条前腿,最后慢慢把尾巴退化掉,变成美丽的青蛙。因为青蛙背上有三条金黄色的纹路,所以我们都叫它"三道门儿"。还有小朋友用细线拴住青蛙后腿,在地上画条线,比赛谁的青蛙跳得远。为了督促青蛙跳跃,取得好成绩,一些孩子也趴在地上,样子和青蛙差不多。

我尤其喜欢河边的小草。河边有各种各样的草,有的长在河坡上,有的干脆戳在水中;有的能叫出名,有的连名字也不知道,但这并不妨碍我们天天见面。就好像到市场买菜碰到邻居,虽然不知道姓甚名谁,可彼此依然点头问好,有时还相互关照一下。相比之下,一束束随风摇摆的紫白相间的狗尾巴花,一株株根茎挺拔花色鲜艳的"大麦熟",就是我们的好朋友了。它们数量很大,一片一片的,以自己的微薄之躯,装点着如画的墙子河。

这些花草为蝴蝶、蜻蜓等提供了一片栖息繁衍的天地。这似乎告诉我们:"保护生态环境,匹夫蚍蜉有责。维系地球村落,天人合一胜佛。"

六、河边的树木

不管是汉赋、唐诗,还是宋词、元曲,河边垂柳都是文人歌咏的对象。柳树妩媚婆娑、婀娜多姿,又简单明了、朴实无华。但根据我在墙子河边多年的观察,觉得它的最大用途是为年轻人谈情说爱提供了风景秀丽而又空气新鲜的场所。那摇曳的柳条像幕帘,隐隐遮住恋人的庐山真面目,让他们可以放心大胆地表达情感。这绝不是个人主观臆断,有一首不太雅驯的儿歌为证。每到傍晚,总有少不更事的孩子聚在一起,向那柳树丛下的情侣大声唱道:"对虾,两毛八。一公一母,两毛五。"由于并无恶意,情侣们一般不介意,大人们也不去禁止孩童们的这种嬉闹。

墙子河边还有三种槐树。

一种是洋槐。洋槐又称刺槐、白刺槐。每年夏季开花,花期长达数月。五月槐花香如蜜,香飘得沁人心脾;五月槐花白如雪,洁白得让人心旷神怡。槐花的开放,经过了一朵朵、一串串、一丛丛和一片片的过程,人们的心也会随之惊喜、惊奇、惊叹和陶醉。一阵阵槐香,伴着微风飘来飘去,不少人忍不住去摘一串,捧在手心,含在嘴里,慢慢地体会个中滋味。漫步在林荫小道,小憩于木椅、石凳之上,人们贪婪地享受着自然的赏赐。即使那些忙碌疲惫的上班族和心有烦恼的过路者,在槐香的熏陶下,心情也会立马好许多。

槐花不仅引得蜜蜂嗡嗡而至,还为人们的餐桌增添了一道美味的槐花饼。晾干的鲜槐花,习称槐米,更是可以随时食用。其实槐花不但可以食用,也是一味良药。槐花性凉味苦,有清热凉血、清肝泻火以及止血的作用。它含芦丁、槲皮素、槐二醇、维生素 A 等物质。芦丁能保持毛细血管正常的抵抗力,防止因毛细血管脆性过大、渗透性过高引起的出血、高血压、糖尿病,服之可预防出血。这么好的东西,就长在墙子河畔,可以信手摘来,也算我们的福气。只是那种粗暴的采摘方式,今天看来似乎有点过分,可槐树年复一年向人们奉献着一切。有道是:"绿叶白花虽无奇,浓妆淡抹总相宜。年年奉香终不悔,岁岁献花执着迷。"

第二种是国槐。它材质坚硬,有弹性,纹理直,易加工,耐腐蚀,是中国庭院常用的特色速生树种,更是城乡良好的遮阴树和行道树。它的花既可入药,又可做染料,果肉能入药,种子可做饲料。

最后是紫穗槐。我赞许紫穗槐的坚毅与生命力。紫穗槐是灌木,又名荆条,是编筐的好材料,主要长在上海道一侧。它生长迅速,生命力极强,繁殖也很快,不拘哪里都能钻出紫穗槐小芽,几天的工夫就长大了。1960 年我高考,当时复习功课大部分是在紫穗槐丛中进行的。长长的枝条下,正好形成一个小小的"自习室",幽静而雅致,使我记忆力倍增,思路清晰。我当年能考入唐山铁道学院,大概也有它的一份功劳。

七、南京路和老地铁

南京路东起河西区台儿庄路,向西横穿和平区,止于南开区南开三马路,长4760 米,宽 50 米,其中两侧人行道各宽 5 米。道路中间设上下行隔离护栏,分快慢车道。南京路由原墙子河以及沿河的老南京路、老上海道合并而成,1973 年竣工,初名胜利路,1984 年改称南京路。当年,沿南京路有市计委、外贸大厦、国际大厦、友谊宾馆、航空运输公司、公安医院、新华职业大学、耀华中学、国际商场、天津市经济联合中心大厦、电信大楼等单位和建筑物。3 路、4 路、11 路、13 路、20 路公共汽车经此并设站,地下则有地铁通天津西站。

说到南京路,当然要谈到它的地下——天津老地铁。很多天津人都对老地铁充满了感情,它是继北京之后,我国建成的第二条地铁线路,南至和平区新华路,北至红桥区天津西站,全长 7.4 千米,有八个不同风格的车站。之前地震毁了我的家,而地铁又为我后来回家提供了极大的方便。从青岛到天津的火车,都是停在天津西站。我每次出天津西站,进地铁,到终点站新华路站,也就到了家。不仅便宜(biàn yí)也便宜(pián yi),这是老天爷对我的补偿吗?权当是吧。

老地铁原来是改造市区旧墙子河、修建备战通道的战备工程,是天津市人防工程的一部分,对外始称"7047 工程"。当时时间紧,任务重,施工设备和技术条件都比较落后,完全靠人工操作。修地铁沿用了全民总动员形式,还召开了全民动员义务修建地铁的誓师大会。我从青岛回来探家时,看到家门口就是工地,各单位的人分段开挖,是典型的人海战术。

老地铁最初设计是从双林站到柳滩站,全长 26 千米。实际从 1970 年 6 月 5 日到 1976 年 2 月,只建了 3.6 千米,开通了新华路站、营口道站、鞍山道站、海光寺站。后因条件所限停工。1979 年至 1980 年再次动工,延伸了 1.6 千米,贯通了二纬路站和西南角站,1980 年实行了第二次试运行,年底再次停建。1984 年,又开通了西北角站和天津西站,全程达到了 7.4 千米。1984 年 12 月 28 日,全线实现第一次试运营,直至 2001 年 10 月 9 日停运。

八、简短的尾声

实际上墙子河由于年久失修,河底淤泥逐年增多,排沥功能下降,河水也有脏臭污浊、垃圾成堆的时候,夏天臭味熏人,蚊蝇肆虐,两岸居民苦不堪言。但是,在小孩子的心目中,有水就有乐趣。这就像下雨天,大人左躲右闪,唯恐避之不及。而下雨天却是孩子们的快乐时间,雨停后也要尽一切可能去踩水洼里的水,即使挨骂也在所不惜。

除了花草树木,还有昆虫。墙子河有蚊虫,也有蜻蜓、蝴蝶、蚱蜢、蛐蛐儿等,这也是墙子河被孩童视为乐园的重要原因。小孩子对小的东西,特别是各种昆虫都有偏爱。在大人们的眼中,孩子们不仅身躯是弱小的,精神也是幼稚的,可哪个大人不是从"小"过来的呢?

2000 年 9 月 12 日,残余的墙子河和废墙子河改造工程正式竣工通水。从这天起,它有了一个响亮的新名字——津河。

我有关墙子河的回忆已到了尾声,但仍有意犹未尽的感觉,就做首打油小诗

"补差"吧:"蝶儿虫儿小娃多,早时晚时都乐和。春发绿芽满河坡,夏捕蜻蝉槐花多。秋高气爽水边戏,冬赏窗凌热被窝。孩子顽皮笑四季,童心永远沐爱河。"

2011 年 9 月初草

2021 年 8 月改定

（本文刊于 2011 年 10 月 10 日印行的《天津记忆》第 98 期,作为《墙子河速写》的"代序"。今结构和文字略作调整,移置此处权当"弁首"。）

目　录

滨江道 （1958 年 8 月 13 日）

从画面上看，当时的滨江道很热闹，上面电线纵横交错，下面有轨电车穿梭奔驰，还有鳞次栉比的商铺、来来往往的人群。图右建筑原为法国电灯房，1949 年后用作制冰厂。

1958.8.7

营口道桥之一 （1958 年 8 月 7 日）

　　这里是营口道桥，也即张庄大桥。图的左上方，能隐约看到西开教堂的两个圆顶，高楼则是元兴池澡堂（今吉利大厦）。这里离我家有点远。1958 年我上小学二年级，几乎不敢独自到这里玩。依稀的记忆是，附近的滨江道有个制冰厂，炎热的夏季一条条冒着白雾的人造冰，从工厂墙上的洞口不断地溜出，看得我直愣神儿，但想不起来是为了什么——是惊叹工业化的奇迹，还是那时候嘴馋？

营口道桥之二 （1959 年 5 月 24 日）

　　这里是从耀华中学方向看到的营口道桥，中间高楼为元兴池澡堂。与前一张相比，这张视觉距离近了许多。

1958.8.8

长沙路桥 （1958 年 8 月 8 日）

　　这个是长沙路桥（耀华桥），画面中间远处的楼是求志里，现在还保留着。由于我家周围的菜市场都被拆掉，平时买菜要到这里来。左右两边的建筑都已拆掉，现在左边是诚基中心，右边是世纪都会大厦。左边远处露出的两个尖顶是西安道小学（后改为第三十四中学分校），这里原来是新泰兴洋行买办靳翼青之子靳少卿旧居。求志里对面未拆的第二游泳池，曾是无数天津人包括我学游泳的地方，也是培养穆祥雄等老一代游泳健将的摇篮。第二游泳池后因经营不善关闭，令许多市民遗憾和怀念。

1958 3.18

成都道桥 （1958年3月18日）

　　成都道桥是一座斜桥,桥形与湖北路桥一样,但桥面呈菱形。桥的南口东侧有太平间,西侧有铁丝网。画中大楼是公安医院住院部(原英租界西区警察局),三哥(宋文铎)1963年在那里治过烫伤。大楼出来一个拐角(楼顶有烟囱),拐角一层是太平间。那里门前经常停放棺材,阴森恐怖。桥的南口西侧是电厂,所以设有铁丝网,拦断了上海道。公安医院大楼住院部早已拆除,辟为绿地。

1958.1 24

公安医院住院部 （1958 年 1 月 24 日）

　　桥为新华路桥。画面中间是公安医院住院部,右侧是电厂的烟囱。三哥高中时在天津市第一中学就读,后期经常上晚自习。由黄家花园到成都道桥南口,右拐沿上海道行进,医院是回家的必经之地。其中医院东端最狭窄处正好是太平间,天黑人稀,走路很是揪心。

1957.11.10

新华路桥之一 （1957 年 11 月 10 日）

　　这幅画十分耐看，左面是用深棕色缸砖建造的公安医院住院部和急诊部，桥后圆形房子是原英租界发电厂。如果细心观察，可以发现，笔直的桥梁下面，远处还隐藏着一个拱形桥洞，那是唯一斜跨在墙子河上的成都道桥。

新华路桥之二 （1958 年 3 月 2 日）

　　这是一幅新华路桥的水彩画,三哥的尝试之作。画面与前一幅相差不大。画,初学乍练,水平一般般;景,初春乍暖,草青三月寒。诗曰:"邻水画桥慢思量,白璧一双水中央。谁持丹青勤描绘,黄毛小儿不轻狂。"

老庆王府之一 （1957 年 11 月 17 日）

　　这是一座历史悠久的建筑，我在旧照片上看过它的身影，那时周围一片荒凉，只有这一座建筑，矗立在墙子河岸上。它坐落在新华路与南京路交口，在我小时候是天津第一幼儿园，里面有宽敞的院落，有滑梯、压板等儿童游乐设施。据张翔先生等考证，这里最初是庆亲王奕劻旧宅，乃老庆王府，后来的庆亲王载振也在这里住过。再后来这里成为齐燮元的住所，不过建筑似乎重新翻建了。十几年前齐氏旧宅被拆除，建成如今的华侨大厦。

老庆王府之二　（1957 年 12 月 18 日）

这是三哥在成都桥与新华桥之间, 墙子河的北岸上面画的。

雨景　1958.8.2

老庆王府之三　（1958 年 8 月 2 日）

　　这是一幅老庆王府的水彩画,建筑位置就在墙子河畔,我家斜对面。记得作画那天下着雨,三哥是在家里画的。

新华桥 （1957年9月30日）

　　这是新华桥，上海道上我最熟悉的地方，树后五六十米就是我家。从我家出门向右走，经过一个煤场，尽头就是画面左边的墙角。过了这个墙角是三多里前的空地，那是我儿时的百草园。我常常一个人在此掐花捉虫，徘徊冥想，既不孤独，也不无味。它陪伴我度过了天真无邪的童年，使我热爱自然、热爱生命。左边的建筑，我忘记是澳门路1号还是三多里了。

新华桥口的小楼 （1957 年 9 月 10 日）

　　这是位于南京路与新华桥交口的很有特色的住宅，大门开在泰安道上。建筑由灰砖砌就，外檐样式丰富多彩。高大的窗户被许多窗棂隔开，顶层阁楼有三个细长的通气窗。三角形的屋脊有花砖做装饰。整座楼宇端庄大气，外形多变而不张扬。画面右侧是倪嗣冲旧宅的附楼，现在是和平保育院。

橡胶工业公司办公楼 （1957 年 9 月 12 日）

　　这是天津市橡胶工业公司的办公楼，大门开在新华路上。院墙之外是经营灰、沙、石的场院，院子东面是市委宿舍大院，门外堆了 10 多米长的齐墙高的待售黄沙。每天放学后或晚饭后，沙山上下都是玩耍的孩子，星期天孩子们更是全天候地疯玩，这里俨然成为周边孩子的乐园。我们兄弟熟悉的小兰家，就在紧挨沙堆东边的自建平房内。小兰在著名的吉美林包子铺上班。这个包子铺坐落在马场道与南昌路交口，每天顾客盈门。附近居民请客或打牙祭，大多会来此处。这里的包子味美多汁，不油不腻，十分可口。小兰家往东即是贵厚里 5 号，再前行 30 米就是我家。

1958.1.18

我家贵厚里 （1958 年 1 月 18 日）

　　这是我家居住的房子——贵厚里 4 号(上海道 133 号)，藏在枯枝后的带阶梯形山墙的楼，二层就是我家。1970 年因修地铁地基倾斜，院内裂了一条大缝，墙面也出现一道弯弯曲曲的缝隙，一直通到二楼房顶。后来为防止错裂的墙面倒塌，用粗大的方木做支撑，顶住院内进入二楼小门的拱券。六年后唐山大地震发生，房子东摇西晃彻底毁掉。我家只好在临建里住了四年，母亲没能撑过难关，在临建里过世。之后老贵厚里、老三多里、老张家大院拆除，建成如今的贵厚里和新三多里。画中能隐约看到公安医院屋顶，远处是电厂的烟囱。那时，乌鸦经常在天空盘旋，傍晚落在房顶和树枝上，黑压压一片。这画面常让我想起马致远的《天净沙·秋思》。

倪嗣冲旧宅 （1957 年 9 月 14 日）

　　看画面上有特点的墙，就知道是我家对面的和平保育院（原为倪嗣冲旧宅）。尽管夏天树木茂盛，但后面的高大房子是遮不住的。

1958.1.11

倪家大院一隅 （1958 年 1 月 11 日）

　　这是我家对面楼房的雪景。楼房所在的院子叫倪家大院,民国时是安徽督军倪嗣冲
家。画中小楼呈 L 形,是座附属楼。铁楼顶平常是黑色的,作画当天下了雪,故呈白色。每
到傍晚,房顶和烟囱成为乌鸦"巡游太空"后的落脚点。大群乌鸦嘎嘎地掠过天空,落在
屋顶,有的昂首瞭望,有的叽喳互语,有的理毛斗嘴,热闹非凡。早到的抢占有利地形栖
于屋檐,来晚的只能在陡屋顶上休息。它们早起晚归,每天按时作息,成为一道很有特色
的风景。楼的左面即有名的和平保育院,它现在还守着繁华的南京路,虽然已是原貌重
建。画面右边的门洞,是大陆药厂的门。

倪家附属小楼 （1957 年 12 月 1 日）

　　这是倪家大院附属楼的正面，左右两个大门分别是倪家大院和大陆药厂。

1958.15

倪家东侧附院 （1958 年 1 月 5 日）

　　这是倪家小楼东侧的附属小院，两个门左边是倪家小院的，右边是大陆药厂的。药厂进门左首有间平房，是厂里的传达室。

大陆药厂之一 （1957 年 10 月 12 日）

　　这是南京路上的大陆药厂，在我家斜对面。左侧为倪家大院附属小楼一角，右侧烟囱则是大陆药厂的。

大陆药厂之二 （1957 年 10 月 13 日）

　　这是在南京路河堤上画的,烟囱是大陆药厂的。河堤和马路中间是草地,正像画中所画的那样,经常有孩子在那儿玩耍。草地和人行道中间,是河堤内侧的土坡,上面种有一种叫紫穗槐的灌木。夏天灌木丛郁郁葱葱,煞是好看。画面似乎是白雪皑皑,可是十月中旬会下雪吗? 两个孩子蹲在那里堆雪人? 这张画极有可能是半成品,若再点染一些细节就好了。

三多里 （1957 年 10 月 1 日）

　　这是墙子河南岸的老三多里。微风吹拂着树梢，树木在阳光下左右轻摇。浓浓的绿荫，洒落在河边和堤岸上。左面是直通郑州道的永兴里，中间大拱门上面，长方框里有凸起的"三多里"三个大字。经过一个大慢坡，就到了地势低洼但很宽敞的胡同里，一排平房一排楼房分立左右。右面有正方形孔洞的院墙，在大拱门之外，这一边短一边长的情况有别于通常的布局。墙角处的河岸（也是道路）非常狭窄，只有 1 米宽的距离。

小德张湖北路旧宅 （1957年9月20日）

　　这是太监小德张的一处居所。小德张来到天津后,在重庆道设计建造了一处非常讲究的房子,准备在那里养老。没想到房子被庆亲王载振相中,小德张只得搬走。庆王给了他一块空地,就在郑州道与湖北路交口附近,小德张在此又重新设计建造了一所豪宅。小时候我们上下学都要经过这里,从外面能看到院里有许多银杏树,还有假山顶上的小飞机(风向标)。湖北路和郑州道各有一个铁艺装饰的大门,平日紧闭看不到里面的景象。20世纪50年代,小德张又被请出离开了这里,此处改为第一工人疗养院。后来这里成为天津警备区司令部驻地,最后拆除重建。如今郑州道上还留有一段原来的围墙。

湖北路桥之一 （1957 年 12 月 19 日）

　　湖北路桥,远处正中为胜芳蔡家旧宅。右面河岸是上海道,那部分很窄,转过墙角就是三多里前那块开阔些的三角地,大约是地震后新三多里条楼的位置,地震后我家就搬到了这里。三哥说:"从桥西北侧画湖北路桥。画面左侧河那边第一座楼的院内有三棵树,到了夏天枝繁叶茂、郁郁葱葱,是我们哥儿仨心中的地标,我们习惯称为三棵树,它们曾在许多画中出现。"画面表现已近乎完美,波光中的倒影、桥洞里的反光,都十分到位,构图布局也无可挑剔。

1958.1.26

湖北路桥之二　（1958 年 1 月 26 日）

　　三哥回忆说："湖北路桥，单拱孔，花廊柱，非常漂亮。但这张湖北路桥，灰突突的，像个村姑。桥还是那个桥，给人的感觉却大不一样。当然这是我的不好，其一取景差，其二画技差，其三我当天心情可能也差。当时两个弟弟经常闹'不团结'，让我这个写生'班长'很头痛，以致把个好好的桥桥画丑了。"三哥所述不假，已记不得事出何因了，肯定是鸡毛蒜皮的小事，没想到影响了三哥的创作，那时真不懂事。

1958. 2. 8

湖北路桥之三 （1958 年 2 月 8 日）

　　这是从西北侧画的湖北路桥。画面左侧是胜芳蔡家旧宅，最右侧一隅为小德张旧宅。蔡家旧宅的院内有三棵树，到了夏天枝繁叶茂，郁郁葱葱，是我们哥儿仨心中的"地标"，我们习惯把它们称为"三棵树"，它们在很多画面中都出现过。

1958.2.8

湖北路桥之四 （1958 年 2 月 8 日）

　　这也是从西北侧画的湖北路桥。过桥后沿湖北路前行，第一个路口是郑州道，第二个路口是重庆道。三哥回忆说："湖北路和重庆道的东北角就是我的初中母校——天津市第二十中学。天津人有句戏谑的话：'学在南开，玩在耀华，爱在一中，'死'在二十。'我很荣幸地在其中两所学校就读，只是初中在二十中时，没太体会'死'的滋味，可能那时教育的应试色彩还不太浓。在天津市第一中学高中毕业时，很多学习好的学生只报清华、北大，第二志愿都不填。但他们因为出身不好，没被录取，被分到电车公司。"画面景深之处，能隐约看到第二十中学的建筑。

58.5.10

湖北路桥之五 （1958 年 5 月 10 日）

这是从南京路河堤（湖北路桥和平安桥之间）上画的湖北路桥。右侧桥墩旁电线杆子左边的房子，就是原来上海道的三多里，房子基本都是二层楼。从那开始直到过了湖北路桥，上海道的路面都较宽。岸上供人休息的铁腿木椅清晰可见。树林中的大管子是排污口。

湖北路桥之六 （1958年8月5日）

绿树掩映下的湖北路桥。桥上面的建筑是地震前的三多里，最左侧的建筑为胜芳蔡家。

1959.8.6

湖北路桥之七 （1959 年 8 月 6 日）

这还是湖北路桥。与前面一张相比,角度稍微差一点,离桥更近一些。

湖北路的小楼之一 （1957年9月7日）

这是夏末湖北路上的一处楼房,具体位置已经记不清了。

1958.2.7

湖北路的小楼之二 （1958 年 2 月 7 日）

　　这幅画与前面那幅画一样,是同一幢楼,不过这幅创作的时间是冬季。而前者是夏末,角度略正些。三哥说:"两幅画的房屋、院门、院内大树形状一致,甚至墙垛和行道树数量也一样,说明我的'治学'态度还是比较严谨的。"这张"治学"成绩比五个月之前确实有了长足进步,画面简洁亮丽,虚实结合,很耐看。

新华医院门诊部之一 （1957 年 9 月 20 日）

　　这是位于湖北路和曲阜道交口的新华医院门诊部,新华医院后改名为公安医院。医院门外有一个老式邮筒。家母的胳膊一次肿胀化脓,就是被这里一位老中医治好的。画面右侧的便道上,后来用木板和玻璃搭建了一处简易售卖摊,经营水果、零食、烟酒等,生意不错。

1957 10 27

新华医院门诊部之二 （1957 年 10 月 27 日）

　　这也是新华医院门诊部,中间的道路是曾经的曲阜道,整洁、寂静、深邃。路上不见汽车的踪影,便道的断开处就是医院入口。画面记录了有特色的墙垛样式,还有对面小院外墙的装饰。

胜芳蔡家旧宅之一 （1957年8月26日）

　　胜芳蔡家旧宅是墙子河填埋后，两侧保留下来的极少的老建筑之一。地点在今南京路57号，建筑用紫黑色缸砖建造，地震时毫发无损，我甚至从未见过对其修缮加固。改革开放后，此处变成娱乐酒家，郑州道一侧大门洞开，这才知道门后是个穿楼过道。后面院子东侧，有家小餐馆。前两年因经营不善，南京路上的小餐馆被拆除，郑州道上的大门也关闭了。小时候买粮或是玩耍，经常从河边路过，但从未见过这里的木板大门打开过。斜交叉的双层木板密不透风，从外面无法看到院内景致。改革开放前这里是天津市计委所在地，现在是计委的老干部活动中心。

胜芳蔡家旧宅之二 （1957 年 9 月 1 日）

　　这是从东往西看湖北路桥的南口。画面左侧院子是胜芳蔡家旧宅，中间是小德张设计建造的出租房，还有桥边的孤零零小屋，最右侧则是三多里。蔡家旧宅院里有三棵一字排开的大杨树，我们称之为"三棵树"。不过因角度关系，画中三棵树成了一棵树。我们写生常经过"三棵树"。桥边小屋很小，但挺精致，平时看不到有人出入，隔窗也看不到里面有什么。后来我猜测，小屋是存放墙子河开关闸门所需的工具设备的。

胜芳蔡家旧宅之三 （1957 年 9 月 2 日）

胜芳蔡家旧宅，这是从墙子河对岸靠近湖北路桥的河堤上画的。

郑州道附近小洋楼 （1957年9月4日）

　　这是上海道与郑州道交口处河边上的一处美丽住宅，门牌为郑州道2号。右面拐角处是郑州道上的联排别墅，墙面为黄色缸砖，我一个小学好友就住这里。别墅对面是洁白的犹太教堂，曾经的夏太太饭店就在旁边胡同的地下室里。这家饭店是俄式西餐小馆，只有老太太一人当厨，味道十分正宗。相传她在白俄人家里当过帮佣，故而得到真传。炸牛排、酸黄瓜、红菜汤，都是其拿手菜。饭店虽处深巷，但当时远近闻名。

犹太教堂 （1957年10月5日）

　　三哥一定是坐在湖北路桥北口堤岸下坡画的，邻水而观视角很奇特。如此还有事半功倍的奇效，免去了繁文缛节和鸡零狗碎，画面剩下的都是精华，大量飞白留给人们去遐想。画中堤岸后面就是墙子河河岸最狭窄的去处，画面左侧的漂亮房子也几乎被隐没。画的右面就是"小荷才露尖尖角"般的犹太教堂。

河边的绞盘 （1957 年 10 月 26 日）

　　三哥说："这是位于湖北路桥东侧河坡上的三个大绞盘。绞盘有 1 米多高,尽管整日看见它们,从未想过它们的用途。后来从网友处得知:绞盘在河边有多个,是城市污水口的控制阀。开启时,浊水从排污口（画面中央）流出,臭不可闻,为墙子河'增色'不少。河水少的时候,有一段大小相同的下水管露出水面（画面右下）,估计是施工时留下的。远处能看见一段湖北路桥,山墙是三多里的房脊。"这是一幅慧眼独具、构图奇特的画,表面看眼前的河堤占据着近半画面,似乎毫无意义,但细细品味很有味道。如小德张出租房的房顶,周学熙旧宅的老虎窗和烟囱,张家大院的房脊样式,老三多里山墙的形状等,甚至还有北半段湖北路桥。它们彼此之间的空间位置,准确无误一目了然。

墙子河北岸景观之一 （1957 年 11 月 30 日）

　　这是我所见的三哥的第一张钢笔画,画面是湖北路桥和平安桥之间的墙子河北岸。在这个地方、这个角度看,微微波动的水面映射出主景倒影,上下衬托相互呼应,有若镜中花水中月,更像是倒置的海市蜃楼,虚无缥缈时有时无。两排坡顶二层楼房,左右两个大门总是关闭着。右岸是郑州道口。钢笔画不能涂改,必须成竹在胸下笔准确。这幅画严整清晰,可以看出三哥作画水平有了提升。

墙子河北岸景观之二 （1958 年 12 月 23 日）

　　这也是湖北路桥和平安桥之间的墙子河北岸景观,视域比前幅画更宽阔些。左边小楼早年是罗明佑创办的华北影业公司,建筑非常有特色,三哥喜欢称它"漂亮房子",很多幅画上都有其影子。当年南京路到这所房子前与河堤分道扬镳,进入小建设路。

墙子河北岸河堤之一 （1958年5月25日）

这是湖北路桥北口的两侧，河岸上较为宽阔，时常有杂耍艺人卖艺，有吞铁球吞剑的，有在脖子上缠铁条的，有用手劈鹅卵石的，还有卖野药的。当时以为全是真的。现在觉得即使是假的杂耍艺人也不容易。画中五月槐花如雪，洁白得让人心怡。真怀念当时的鸟语花香啊！

1959.83

墙子河北岸河堤之二 （1959 年 8 月 3 日）

这里还是湖北路桥北口，夏日树木茂密，清幽朗豁，如入无人之境。

漂亮房子之一 （1957年9月21日）

　　中间建筑是华北影业公司旧址，即三哥常说的"漂亮房子"，据说早年住着一家外国人。我在网络上看过房子的多张照片，可见它非常惹人喜爱。三哥说："关于这所'漂亮房子'的记忆很深，它既秀美又端庄，我们哥儿仨都爱画它。"画面左侧是种在河堤斜坡上的红柳。红柳适宜在沙漠等恶劣环境里生长，耐贫瘠抗风沙。但是，后来它们逐渐枯萎消失了，因为墙子河河水被污染了。

漂亮房子之二 （1957年10月5日）

　　三哥回忆说："走在南京路的河堤上，由西向东到了这幢'漂亮房子'的围墙边，河堤变得很窄，以至于两个人相向而行，都要侧过身来。南京路从小楼的左边拐走，指向小白楼的起士林餐厅。顺着河堤一直前行，经过两个常年关闭的胡同大门，河堤又开始宽了起来，平安桥也就到了。"这个房子太漂亮了，三哥画了许多张，这是一张近景。最初我觉得这张画取景不好，没有抓住建筑最精彩的部分，画面索然无味。但仔细一看才发现，这幅画在平淡无奇中暗藏玄机——艳阳高照的树荫中，竟然有几只白鹭盘旋！恰如杜甫的诗句"两个黄鹂鸣翠柳，一行白鹭上青天"，这简直是对诗中意境的绝妙演绎。

漂亮房子之三 （1957 年 10 月 20 日）

　　这是三哥第三次画"漂亮房子"，隔河相望，房子的倒影在波光中浮动。堤岸下的三棵红柳，与岸上的国槐、院内的洋槐装点着河岸的景观。三哥说："南京路和河堤从'漂亮房子'开始分道扬镳。南京路向起士林而去，河堤可直达平安桥。歪树上面就是很窄的路，'漂亮房子'的院墙随着河堤北坡斜下去。河堤下边的一大两小三棵歪树就是红柳，它们的主干是弯曲的，而淡绿色的枝条是穗状的，淡粉色的花儿开放时也是穗状的。红柳有极强的生命力，耐贫瘠、耐干旱、耐风沙，很像沙漠中的胡杨。"

漂亮房子之四　（1958 年 2 月 5 日）

　　这幅画左侧远处的楼是养和里，从养和里前右拐，过浙江路就到了起士林餐厅。这幅画比一年前的画好许多，无论是总体把握、细节刻画，还是透视效果、虚实相济，都可谓恰到好处。三哥很有绘画的潜质，可惜他后来没有画下去。画里这栋楼房，确实美，温文儒雅，端庄秀丽，就像大家闺秀临河而立。三哥对它的描述更是充满感情："她慈母般地守候在南京路与河堤的分道扬镳处，只是不知现在还在不在。我把它比作慈母，是由于已别离天津五十载，每每看到这些旧画，母亲辛劳的影子就会浮现在脑海中。"

1958.2.20

漂亮房子之五 （1958年2月20日）

　　网络上有一篇文章介绍，"漂亮房子"是一家外国人建造的。"漂亮房子"有多变的结构、众多的房间、开阔的视野，还有水泥花盆做装饰的晒台，加之临水而居，可谓一处不错的豪宅。这里交通便利，民生设施齐备，吃喝玩乐一应俱全。"漂亮房子"前有新华医院，后是平安影院，紧邻小白楼开封道还有个小花园。可惜未能进去一睹芳颜。

漂亮房子之六 （1958年5月1日）

　　作画时正值五月初，树叶还不很茂盛，似乎已与"漂亮房子"近在咫尺。整齐的瓦顶，
飞出的屋檐，带花盆的廊柱，有圆浮雕花纹的露台，还有风格一致的院墙，直线和曲线完
美地糅合在一起，真是美轮美奂。红柳枝干遒劲，非但不突兀，还衬出小楼的雅致与
庄严。

1958.4.22

墙子河大弯 （1958 年 4 月 22 日）

　　墙子河向西南过湖北路桥，有一个大弯。站在东南望向西北树林中，隐约可见前面说过的大绞盘。

1958.2.4

平安桥之一 （1958 年 2 月 4 日）

　　平安桥的名字来自附近的平安电影院，为外国人在天津开设的首家电影院，是一座古罗马剧场式的二层楼房，今已拆除重建。三哥说："从'漂亮房子'旁窄窄的小路向前走，越走越宽，就到了此地。那两扇常关的胡同大门已在左边画外了。由于路窄墙危，从这儿走的人很少。我们哥儿仨向着平安桥，席地而坐，一幅'名画'就诞生了。"

平安桥之二 （1958年7月24日）

　　这是在南京路河堤上，从西面画的平安桥。平安桥坐落在浙江路上，水泥结构，实体桥栏。墙子河上的桥，大都用道路名来命名，平安桥是少数例外之一。此处紧邻天津著名的小白楼开封道，是一处以休闲、餐饮为主的欧式风情街，有酒吧间、咖啡屋、快餐厅、西餐厅等，热闹非凡。画面中平安桥上方的一片楼群，现在为天津国际贸易中心。

平安桥之三 （1958 年 7 月 31 日）

　　三哥说："左侧的树与大片天空,减少了压抑感。宽敞的河面,加上桥身,达到'平安桥,桥平安'的效果。"我的感觉恰好相反,觉得桥后面的楼和左面的树被压抑了,它们比平时矮了一些,而桥却似乎大了许多。作画时正值夏季。

平安桥之四 （1958 年 8 月 1 日）

　　这是站在平安桥北口西侧的河岸上，由西北向东南方向画的。上面的一排房子特别像高铁。

平安桥之五 （1958年8月4日）

　　"楼前水映曾谐景,桥畔桃芳旧童情。"这是网友题画送三哥的。画面右边有一个丁字路口,应该是郑州道。有人说这是郑州道桥,但据我的印象郑州道没有桥。郑州道口的犹太教堂,非常引人注目。教堂属哥特式,外观通白,整体隽秀挺拔,简约庄重。带大卫星纹饰的护墙现已不见了。

1958.8.6

平安桥之六 （1958年8月6日）

画的仍是平安桥。

奶品公司楼

　　这是徐州道桥以东的墙子河。画中的楼房是以前的奶品公司楼，现在亚太大厦的位置。家父曾为人民公园设计假山，那时去人民公园常走这里，沿着江西路下去可直抵公园门口。每次我经过此处，常看到有卡车出入，数不清的铝制银白色奶桶，工人们车上车下地搬运。

1958.1.31

镇江道桥之一 （1958 年 1 月 31 日）

　　这是镇江道桥，南京路在这里第二次离开墙子河，沿着左面拐弯处一排两层楼的后面行进。此段沿河土路也被封住，行人只能走楼房后面的人行道，不能继续沿河行走。这一排楼房都是商铺，一楼对外营业，二楼是仓库账房之类。走过这一片小楼后，南京路与墙子河又并肩而行，直到流入海河。南京路与墙子河并肩穿过解放路之后，当时被闸口的排水部门占据，不通行人和车辆了，南京路修地铁后，此段墙子河、上海道消失。

1958.2.3

镇江道桥之二 （1958年2月3日）

　　根据右面房子判断这应该是镇江道桥。看画觉得那时的河边还是很美的，大坡顶老虎窗，还有给圣诞老人准备的大烟囱，格局错落有致。红瓦顶灰色贴鹅卵石的墙面，绿树掩映之下的小桥流水，都很赏心悦目。真是一个环境优美的社区。

1958.4.21

镇江道桥之三 （1958 年 4 月 21 日）

　　与前幅画一样,是同一角度的镇江道桥,只是取景更近了一些,细节更加清楚了。左边的大树没有了,右侧的建筑纳入画中。美丽的屋顶,错落的天窗,都丰富了画面。

解放南路桥 （1958 年 7 月 26 日）

这是解放南路桥。与五月的墙子河相比，盛夏之际，树茂草密，一片绿色。墙子河延伸到这里，就要走向终点了。

海河口水闸 （1959年2月6日）

　　这是墙子河和海河的交汇处,画面左边是水闸,画面右边是看水闸的小屋。水闸落下就可以切断墙子河与海河。海河是天津的母亲河,是全市人民饮用水的来源,而墙子河早已成为一条污水河,平时不能汇入海河。只有汛期时墙子河水位暴涨,才偶尔开闸放水。

1959.8.8.

海河码头 （1959年8月8日）

　　这是海河边的码头，我们写生到过的最远地方。河变宽了，自然豁然开朗。那时海河岸边有许多的码头，有运菜的东浮桥码头，有大连道处的客运码头（客船出海可抵达大连、营口、烟台）。此处是货运码头，平时总有货轮停靠，并卸下许多货物，堆放在岸边。河对岸就是原第一发电厂，前几年才拆除，高高的厂房上可以跑小火车。海河是天津的母亲河，虽然不太宽阔，但九河下梢全部汇聚于此。过去海河两侧自万国桥（今解放桥）以下，多为码头仓库。现在的海河两岸已经焕然一新，成为带状花园，河岸石砖墁地，跑步、游泳、打拳、练剑、吊嗓、吹号的市民每日不断。每座大城市都有一条河流滋润哺育当地的人民，天津也不例外。

×××桥

这是哪座桥？锦州道桥？万全道桥？还是水泥桥墩、铸铁护栏的独山路桥？两边的建筑一点印象也没有。

×××桥

　　这是哪座桥？也没有印象。小时候应该很少去，长大后家务缠身更不会到这里。三哥也已忘记了，多方考证未有结论。有网友说锦州道桥是木桥，而这不是木桥，那么有可能是万全道桥了。不管是哪里，此处倒颇有宋代诗人释斯植《苕溪舟次》诗的意境："扁舟烟重冷渔蓑，两岸人家浸小河。芳草自生春自老，落花随雨晚风多。"

1958.1.28

熟悉而陌生的地方 （1958 年 1 月 28 日）

画面里没有桥，非常熟悉却无法确定这是哪里。

副编一

宋亮生 — 绘
宋文力 — 注

三多里之一 （1956 年 9 月 1 日）

　　这是父亲保留下来的唯一一张素描，近处背景就是我家住的贵厚里小楼。狭窄的上海道伸向远方，近处河岸上是休闲的人们，一幅恬静安然的生活画面。

三多里之二 （1957 年 5 月 12 日）

　　图中左侧(墙子河南岸)建筑是三多里,沿河岸往西不远就是我家贵厚里。这里有片空地很清静,是我家常来照相的地方。南面墙角处有个出入的小门,很少有人进出。这里是上海道最窄的地方,最窄处只有 1 米多点。从我家出来右拐,走过这条小窄道,就是一片直角三角形的空地。斜边是河岸,长边是小德张的出租房,短边就是老三多里的入口。短边的延长线就是永兴里,也是小德张的房产。

雪后的新华桥

　　这是从我家窗前看到的景象，雪后的新华桥寂静洁白。新华桥结构简单，朴实无华，与平安桥就像是孪生兄弟，都承载着跨越墙子河、连接南北交通的重任。

新华医院门诊部

这是位于湖北路和曲阜道交口的新华医院门诊部。

雪后的墙子河

冰天雪地一片苍茫，河面上结着厚厚的冰。堤岸护坡上残存着的两三棵红柳还很顽强，河岸上有两排国槐。画面上的房子从左至右分别是：位于新华路口的第一幼儿园,大门在泰安道上的两栋建筑风格不同的住宅楼,再往右两栋房子是倪嗣冲旧宅(不是主楼),即现在的和平保育院。

倪嗣冲旧宅之一

　　倪嗣冲旧宅,20世纪50年代已是和平保育院,坐北朝南阳光充足。宽敞的院里有中式凉亭,这里不但接收三岁以内的孩子,还可以日托或整托。

倪嗣冲旧宅之二

这里是倪嗣冲旧宅附属小院，后改为天津市和平保育院。

倪嗣冲旧宅之三

　　这还是倪嗣冲旧宅东侧附属小院。画面右侧小楼是宋哲元旧居后楼，院子中间的主楼是带地下室的西式平房。向南两个正门前有七八层青石台阶，东西各有三间正房。

倪嗣冲旧宅之四

　　这里仍是倪嗣冲旧宅,当时是和平保育院入口,绿色大门旁边三角形房顶的是门房(传达室),造型独特很有亲和感。风和日丽的时候,穿白大褂的阿姨就会领着孩子逛街或站在墙边晒太阳。周围的楼群很多,风格各异,五彩纷呈,一个院落套着一个院落,如层峦叠嶂一般,恰似欧阳修所描述的:"庭院深深深几许,杨柳堆烟,帘幕无重数。"

冒黑烟的烟囱

　　这幅画作于 1958 年。冒着烟的是大陆药厂。当时大喇叭里不断地喊着口号:"人民
公社好,不让火灾来捣乱!"那时汽车很少,运货的马车、驴车随处可见。画面上的便道上
就停着两辆等待卸货的马车。

河岸边的石级石凳

1957年前后，墙子河北岸有许多石梯，仅新华桥与湖北路桥之间就有三座。从南京路拾级而上可以登上高高的堤岸。石梯用大青石雕琢而成，上下各配两个石凳，供行人歇息。石级两旁的护石，则成了天然的滑梯。孩子们整天来此玩耍，竟然将坚硬的大青石磨出两道凹槽，光滑无比。图中手握画笔、画板的男孩就是我，旁边的女孩在观看。土坡下有一排侧柏四季常青，人行道后面就是南京路。最高的房子处就是湖北路口，旁边是新华医院（后改为公安医院）。由于南京路和曲阜道还没有拓宽，医院南侧有个很宽敞的大院，里面有甬道、花坛、草坪，还有灌木和大树。夏天烈日当头，院内却郁郁葱葱十分清凉，偶有一身白色的护士行走其间。真是一幅美好的画卷。

南京路湖北路交口建筑

　　这是南京路与湖北路交口的建筑,结构复杂,亮丽端庄,十分抢眼。画面右侧的新华医院院外拐角便道上,后来搭盖了一处违建,经营烟酒水果零食。由于违建旁边还有曲阜道,三条马路在此交汇,又背靠医院,故而生意兴隆。过往三轮车夫到此花两角钱,买一杯酒站在路边自酌,冬天暖身,夏天解乏。讲究点的,再买一包花生米或老虎豆下酒。喝完酒把嘴一抹,心满意足地蹬车上路,颇似鲁迅小说《孔乙己》的场景。

湖北路桥之一

　　这幅画的正中间是湖北路桥,桥的后面就是老三多里。老三多里为实业家周学熙所建,是给佣人、花匠和亲戚朋友居住的。老三多里地震后拆除,原地盖起云峰楼和新三多里。老三多里南面是周家大楼的前花园和周学熙家族居所,后为和平区蔬菜公司办公处,地震后局部拆除重建成港澳大厦。周围居民通称的周家大楼包括:两座带地下室和阁楼的四层建筑,南面一幢有半圆形大晒台的二层洋房及楼前花园,北面一排带走廊的两层小楼,再加上东面直抵墙子河的老三多里,面积很大。据说周家的两位公子,分别住在中间的两座房子里。老三多里东面则是小德张所建的永兴里,为三层带地下室的住宅,是用于出租的房产。

湖北路桥之二

　　这是从西北向东南望湖北路桥。图中建筑在墙子河南岸的湖北路上，小德张旧居对面。

湖北路桥之三

　　湖北路桥是墙子河上非常漂亮的桥,两侧有美丽的栏杆,桥下有拱形的桥洞。洁白的水泥桥十分坚固,没有一处裂缝或剥落。我们哥儿仨经常来此,从不同角度画它。桥旁还有一间孤零零的缸砖砌就的西式小屋,屋顶和墙基用水泥罩面,工整坚固,门窗常年紧闭,谁也不知其用途。桥后那几棵漫过屋顶的大杨树,曾是小学生秋天放学后经常光顾的地方。在那里捡拾飘落的杨树叶,去掉叶子只留叶柄,放到鞋里闷起来,直到它们由青发黄,变得十分有韧性,再取出来做"咬老根"游戏。这个玩法虽然气味差些,但男孩子乐此不疲。桥下左面的缓坡,是孩子们不可多得的乐园。因为这里地势平缓开阔,相对安全,是傍晚钓"大老青"(蜻蜓)的好地方。

湖北路桥之四

　　画面左侧是墙子河北岸,湖北路桥掩映在堤岸和郁葱的树木之中,既娇羞又妩媚,就像白居易《琵琶行》里的琴女"犹抱琵琶半遮面"。夏日午后,在绿树浓荫之下,长椅上歇息的情侣正在呢哝细语,沐浴着从对岸吹来的微风,目之所及是波光粼粼的河水,时而传来林间的雀鸣莺啼,野草花香一阵阵飘过,这是墙子河安谧闲适的美好时刻。

湖北路桥之五

　　这里仍是湖北路桥,画面中桥南口建筑最右侧白色地方为小德张旧宅,左侧为胜芳蔡家旧宅。

养和里

　　原南京路与墙子河基本上是并行的,它沿河的北岸下行,是市内东西向的主要道路之一。南京路在进入小白楼地段后,离开河岸拐到小建设路,画面中间这座建筑是养和里。画面右侧有一座漂亮房子(华北影业公司旧址),后面是手电筒厂,再后就是平安影院。公交3路循此南京路而行,在拐入小建设路处设有一站。捷克产的公交车发动机噪声大,尤其是乘客上下车时,车身剧烈抖动,十分夸张。不过这车动力十足,像脱缰野马一样,驰骋于小西关与下瓦房之间。

初春之平安桥

　　初春的杨柳未绿，岸边的桃花已经绽放，给画面带来春的气息。朴实无华的平安桥，连接着马场道与小白楼。桥边红漆房子当时是蔬菜副食店，凭本定量供应附近居民所需的油盐酱醋。桥北口有个小花园，由于地处小白楼商业区，累了的顾客、行人及等待在平安影院观影的情侣，都要到这里歇息。园内有滑梯、压板、转椅、沙坑等游乐设施，附近孩童常来玩耍，也有老人坐在长椅上晒太阳。园门口则聚集着卖小吃和小玩意儿的商贩。红漆房子后面是徐州道的联排建筑，楼的左面是木质的徐州道桥，右面是南昌路口的吉美林包子铺，灌汤包味道鲜美，到了饭点儿座无虚席，有点菜喝酒就包子的，也有端锅买回家吃的(那时没有塑料食品袋)。那雪白的热气腾腾的十八褶儿包子，在市民中很有口碑。

盛夏之平安桥

　　过了"最美人间四月天"，就是蝉鸣的盛夏。右面绿树后面的平安桥头，原潘复旧居东北角有几间平房，当时是粮店。1960年时粮食和副食等紧缺，限量定量供应，每个月24号成为借粮日，就是提前一个星期供应下个月的口粮。我那时经常提着米面口袋，跟随母亲到那里排队购粮。那段艰难困苦的生活经历，是现在年轻人所体会不到的。那时，春秋两季岸边的槐花、榆树叶、榆钱儿都是美味稀缺之物。

孟秋之平安桥

　　暑热渐去秋意渐浓，蓝天上飘着几朵悠闲的白云，空气似乎也变得清爽了。画面左侧平安桥头的几棵红柳，都似乎感到了凉意。树后两排房子之间有个倒 F 形胡同，两个口通墙子河边，一个口通浙江路。这个胡同平时是平安影院的存车处，两侧放满了自行车，给住这里的居民带来诸多不便。这里是墙子河的拐弯处，受河水冲刷侵蚀严重，院墙外的堤岸不断崩塌，以致岸边路面狭窄处不足 1 米，对面若有人来，只能一个人先通过。为防止河岸继续塌陷，在岸边打了一排木桩。即便如此，许多人还是绕行小建设路，不敢在此行走，生怕一不小心跌进河里。

寒冬之平安桥之一

　　天色阴沉,寒风凛冽,平安桥两侧的路人行色匆匆。右面瓦蓝色屋顶的建筑很有特
色。一次这里整体修缮,换下来的长方形瓦片堆在路边,我顺手捡了几块,用来在马路或
空地上画线、画小人儿、画飞机大炮、画鱼雷快艇等。有时我们也用瓦片在地上画乒乓球
台子,中间摆上砖头打球,或者画大小不一形状各异的方框玩"跳房子"游戏。这瓦片很
耐用,比捡老师用过的粉笔头强多了。在用滑石板铺就的陡峭大屋顶上,开着方尖形的
老虎窗。墙体一层水泥罩面,二层用小鹅卵石贴面。进口处有个不大不小的院子,大门与
房门之间有甬道相连。甬道的尽头是巴洛克风格的拱形门廊,整体造型典雅而不奢华,
温馨而不平淡。平时这里大门紧闭,极少见到有人出入,较为神秘。

寒冬之平安桥之二

　　这里仍是寒冬的平安桥，画面构图与前幅画接近，只是视角更近了些，色调也明亮了点，让人感到不那么压抑了。

副编
二

宋文复 〔绘

宋文力 〔注

元兴池　（1952 年 5 月 26 日）

　　这是四哥(宋文复)的画,因为年代久远,他已不记得这是哪里了。经过考证认定,这里应该是营口道桥,也就是张庄大桥,背景建筑为著名的元兴池澡堂子。三哥也画了这座桥,角度相差不多。

华北影业公司旧址 （1959年6月3日）

这是墙子河边的那栋"漂亮房子"——华北影业公司旧址。三哥多次画过这座建筑，但四哥这幅画的笔触似乎更利索。

王郅隆旧宅 （1958年4月21日）

　　这是四哥的画，但他不记得画的是哪里了。远处有一座木桥，初步认定是镇江道桥。根据建筑外观和位置判断，作者所处当在镇江道桥南侧不远，图左为王郅隆旧宅。三哥在四哥偏左的地方也画过一张。

副 编 三

宋文力 一 绘

宋文力 一 注

海光寺桥 （2021年4月10日）

　　这是我根据老照片所画。孩提时我不敢到此地，因为附近有个万德庄，与谦德庄差不多，是杂巴地儿。上小学的时候，我听同学提起过海光寺，可是印象中那儿非常远，也没有什么吸引人的地方。偶尔听到儿歌里有"海光寺"三个字，虽然近乎无聊，但这个地名却记住了。长大以后我也几乎没去过，直到墙子河消失。南京路、上海道和墙子河三位一体，如今变成双向十车道的通衢，一边连接商业区滨江道和劝业场，一边紧邻新的旅游区五大道。

有意境的桥 （2021年3月28日）

这是根据照片所作的铅笔画。原照片网上标注是墙子河，但在我的记忆中不能确定到底是哪座桥，有研究者推测这座桥可能在与墙子河交汇的赤龙河上，离海光寺不远。原照片很有诗意，桥后面晨曦中飘着缕缕薄雾，不远处的缥缈中还有一座桥。桥下水面如镜，映出的倒影与桥相互呼应，显得更加秀美。左侧桥头边的树叶已是半落，可四散枝条仍然疏密有度。我把桥上两个路人的装束换作旗袍和长衫，以增加景观的历史感；去掉了桥上的两个顽童，以增加画面的安宁感。画面右侧的行人也有变化，突出了院内和楼上的植被，组成了画中的一幅小景。写到这里想起李叔同的歌词："长亭外，古道边，芳草碧连天。晚风拂柳笛声残，夕阳山外山。天之涯，地之角，知交半零落。一壶浊酒尽余欢，今宵别梦寒。"

鞍山道桥 （2021 年 4 月 13 日）

　　这也是参考旧照片绘的铅笔画，这是以前鞍山道桥的模样。图中建筑为天津医科大学总医院。鞍山道桥很有特色，装饰性非常强。水泥桥上的半圆形护栏、曲线形桥拱映衬着洁白的桥身，安稳地屹立在两侧的土岸之上。夏日的桥边，绿树衬托着伊人的婀娜，让人浮想联翩。

长沙路桥 （2021年4月5日）

　　这是根据照片所画。三哥画过长沙路，但没画过长沙路桥（耀华桥）。面画最左侧建筑是耀华中学，渲染了旧时模样。隐去原照片呆板之处，留下想象空间。增加右面的街景，既涵盖了周围环境，也增加了整体协调，使画面更丰富有趣。

贵厚里之一 （2021 年 3 月 26 日）

　　这是我根据 20 世纪 40 年代以前的老照片所绘的铅笔画，图中建筑就是我家贵厚里。照片上是冬天雪景，地点在后来新华路与湖北路之间的上海道上，一幢幢灰砖瓦房错落有致地排列着，墙子河从门前流过，岸边路上空无一人。贵厚里的胡同口对着一座简易木桥，有一条小路弯弯曲曲通向远方，充满了诗情画意。我家搬到这里时，这座小桥已经不见了。不知为何而拆除，发生过什么故事。我自幼生长在贵厚里，一直到地震被毁，前后住了 27 年。

贵厚里之二 （2021 年 4 月 20 日）

这是我根据老照片所绘的贵厚里前的墙子河景象。

隔河相望的建筑 （1974 年 2 月 26 日）

　　这是我保存下来的最早一张墙子河畔写生画,画中楼房隔河正对着我家的窗户。这座房子父亲带我们画过很多次,足见它是多么吸引人。这里经常有乐声响起,隔河传来的一片宫商,惊动了隔岸的顽童稚子,引发过我无限的遐想。

墙子河上的
解放南路桥
Songwenli
2021.4.2.

解放南路桥 （2021 年 4 月 2 日）

　　这是我按照照片，补绘的解放南路桥。此桥位于墙子河终点附近，再往前走不远就是墙子河上最后一座桥——张自忠路桥（近些年又在闸口边上加建了一座仅能过人的小桥）。从画面上看，墙子河还在行船运输，据此判断这至少是 20 世纪四五十年代的事。那时海河还通海轮，河两岸都是码头和仓库。从画上可以依稀看到海轮上倾斜的吊杆。直到 20 世纪 60 年代，坐轮船去大连、营口、烟台的旅客，依然可以通过大连道附近的过街天桥，越过张自忠路直接上船出海。小时候这里很荒芜，我极少到这里来玩。海河边有很多码头和仓库，闲杂人等不能随便出入。岸边停泊的货船特别多，不时传来高亢悠远的汽笛声，令我神接万里，想象轮船喷出滚滚浓烟，船尾翻出白色浪花，驶向宽阔无边的大海，最终消失在茫茫天际。

后记一

◎ 宋文铎

这些 20 世纪 50 年代的风景速写,记录了我青年时代的一段时光,并辗转相伴我大半生。虽然不能说如影随形,但如果从时间长度来讲,它们比我与老伴和儿女相伴的时间都长。这些画,伴随我度过了五年寒窗苦读的日子。上大学前夕,我本来还想继续画下去,谁想三年困难时期把我的这点爱好"饿"得无影无踪,直到现在我还是门外汉。

到目前为止,我搬过 20 次家。能鬼使神差地把这些画保存下来,实属不易。与我同时写生的四弟文复和五弟文力,他们的画稿大都没有了,最近还是应我的要求,翻箱倒柜才找到几张。

我的画保存得很不好,画面蹭得很脏,但有总胜于无,所以我把它们搬上了博客,想有一天遇到知音,一起聊聊那些过去的老地方和老事情。应该说,我做这件事情时,是简单而随意的。但有一天,我突然发现这些作品的价值所在。正像我与网友交流时所说:画的水平并不高,但它记载了消失的东西,已经贴上"古董"的标签。我相信人们对逝去东西的记忆和追求,有时是无止境甚至是疯狂的。

我虽然把画搬上了博客,但没有刻意做什么。最初只在兄弟之间讨论,过后也就无声无息了。偶尔有个把人"路过",也仅是留下几句"你好"之类的话。直到有一天,一个网友热心推荐我的画作,并在网络上进行了转载,这引起《天津记忆》王振良先生的注意,他明确提出能否编印成册,并委托韩春静女士到青岛面商,还送来几本《天津记忆》样刊,使我大开眼界。能够把画印成"书",是我渴求已久的事,于是我们一拍即合,遂有这本《墙子河速写》的印行。

我年近古稀,对名利早已淡薄,能把已消失的东西展示给大家,是我最大的幸福。祝各位同人安康!

五十多年前的事,很多已想不起来了。书中的片段回忆,难免有错误之处,望大家海涵并予以纠正。极少数画面与墙子河无关,因都作于同一时期,也附带收录了。四弟文复和五弟文力,画作保存下来的极少,因此也一并附在最后。

2011 年 9 月宋文铎记

　　（本文刊于 2011 年 10 月 10 日印行的《天津记忆》第 98 期,作为《墙子河速写》的"后记",今文字微作修订,移置此处权充"后记一",以纪念这本画集的十年出版历程。）

后记二

◎ 宋文铎

这本画集将要正式出版发行了，在我手里保存了一个甲子的少年涂鸦终见天日。眼看奔八的年纪，早已知天命与世无争，可是这些画作寄托了我太多的乡情，我总是无法释怀。画集的公开问世，为我此生"锦上添花"，完成了我的一桩心愿。

这本画集的出版说来话长。将近二十年前，我们兄弟姊妹都有了各自的博客，在他们的再三督促之下，我也凑热闹开通博客，取名"啥都喜欢"，以示爱好广泛，涉猎各行，写诗作画，谈古论今，孤芳自赏自得其乐。一天，我翻阅这些墙子河速写时，想纪念一下这条已经消逝的小河，就把它们搬上了博客，并力所能及地配上说明——我希望它们不仅能唤起老人的记忆，更让年轻人知道天津有过一条横贯东西、泽被万民的墙子河。我查了下博客，关于这些速写的第一篇博文《五十年代墙子河的速写集》发布于 2010 年 2 月 12 日，最后一篇《墙子河速写六十八（传说中的秘密监狱）》发布于 2010 年 3 月 8 日，前后历时近一个月。为了整理好说明文字，我付出了很多的时间。

当时我也没什么想法，但坚信随着时间的推移，这些作品一定会引起人们的注意。因为墙子河没有了，但画还在，话说大点儿，这就是"文物"了。果不其然，2011年 8 月，《天津记忆》的志愿者"龙猫"（本名韩春静）专程来青岛，与我协商编印画集的事，不久就有了《天津记忆》第 98 期《墙子河速写》。事后我才知道，"天津记忆"是一个松散的志愿者团队，以今晚报社编辑王振良（网名"饱蠹鱼"）为首，自发且自费致力于挖掘天津城市记忆，组织编印内部资料《天津记忆》。这本《墙子河速写》的问世，使我的博客得到更多对墙子河历史感兴趣的读者的关注，他们热心地把这些画作拿到不同场合进行展览，而这些我几乎一无所知。尤其可喜的是，画作被天津市五大道历史体验馆放大后，置于二楼展厅的两面墙上，吸引了不少观众在此驻足。

据说,这两面墙最受观众喜爱,因为它们所描绘的,曾是几代天津人居住过的地方,所以能与观众产生共鸣。2020年我回到天津,特意参观了这家体验馆。关于画作展陈的由来,相关负责同志告诉我说:"2015年民园广场落成对外开放时,为了宣传五大道深厚的历史文化底蕴,在民园广场设立了五大道历史体验馆。收集五大道历史资料时,在网上看到了宋先生的这批铅笔画,大家一致认为这是难能可贵的记录五大道历史的资料,应该在体验馆里有一席之地,于是把这批铅笔画作为(20世纪)五六十年代五大道记忆的展品,在五大道历史体验馆进行了展示。"

真是应了那句老话:"有心栽花花不开,无心插柳柳成荫。"当时和平区分管文旅工作的负责同志看过展览后很有感触,得知体验馆未保存画作原件的时候,就安排人与我联系,看是否能把画的原件捐给区政府。我的回答是肯定的,表示愿将画作无偿赠予和平区政府。

回到青岛之后,我整整找了几个月,找到后马上通知与我联系的负责同志,他当即表示要亲自到青岛来"请"。这一个"请"字,把我感动了好几天。2017年11月6日,我们终于在青岛完成作品原件的无偿交接。这位负责同志与青岛朋友虽是一面之交,大家却一见如故。青岛市台办副主任秦宇辉、青岛市民艺专家鲁汉和青岛市唐荣包装设计有限公司老板宋思颖等,都来到交接现场助兴,天津、青岛两座城市相似点颇多,都曾经被西方殖民,都是名副其实的"万国建筑博览馆",所以大家在如何抢救城市记忆方面进行了深入交流。这也可以说是额外收获吧!那天,我还被聘为天津市五大道文化旅游发展公司的顾问。这虽然只是个名誉职务,但毕竟也是一个继续交流的渠道,或者说是对我捐赠画作的认可吧。姐姐知道这件事后,赞赏我明事理,认为这事做得非常得体。这些画,与我一起走南闯北一个甲子,保留至今实属不易,现在终于给它们找到了合适的归宿——我的家乡天津。

在这里,我要感谢"天津记忆"志愿者团队、天津市和平区政府。在这本画集正式出版之际,我要特别对为此做出不懈努力的各位朋友表示感谢。

言归正传。墙子河,在我的心中承载着太多的少年记忆。每次想起它,慈母的唤儿声依然响在耳边。我小时候,河的北岸是南京路,河的南岸是上海道,我家因为住在河边,让我有幸在六十年前以画的形式为其"留档",也成就了今天这本画集的诞生。

我的这些画作,主要展现了成都道桥和平安桥之间的墙子河概貌——现在想起来,如果当时能够预知河的消失,我肯定会把它从头画到尾。从成都道桥到平安桥的上海路,只有贵厚里和三多里的居民比较集中,而这两个胡同在河边都有一块三角地,尤其我家贵厚里门前的空地,简直成了孩子们的乐园。夏天,一个个似曾相识却不同的纳凉之夜，虽然也有家长里短和鸡飞狗跳的事，但是晚上家家坐着各具特色的小板凳，看着孩子们打闹，画面还是挺和谐的。

1960年我考上唐山铁道学院，之后我就远离墙子河，但它仍然是我魂牵梦绕的"发小"，承载着我的少年时光和几十年的乡愁。1949年后，墙子河经过几次治理，演绎了天津的"龙须沟"故事。随着20世纪70年代"7047"工程实施，墙子河已经在地图上被抹掉。每次回家看到平坦宽阔、车水马龙的南京路，听到地铁路过的声音（据说这是世界上离地表最近的地铁），心里总有一种悲喜交加的滋味。我从1967年到青岛工作，已经在青岛生活了五十多个年头。经常有人问起我的老家，我如实相告：祖籍北京，老家天津，青岛算我的第二故乡。

童年的记忆，永远是那么清晰，把它放大来说，就是一种家国情怀。别人的乡愁可能留在记忆里，而我对家乡的思念都隐藏在这一笔一画里。闲暇时，翻看一下少年习作，家乡仿佛就在身边。它们伴随我搬了23次家，画里有乡愁，更多的则是"乡乐"。我一直怀恋家乡天津，这次画集的出版，也算为家乡尽了一点微薄之力。

我的这点艺术爱好，与家父是分不开的。记得小时候，最爱听的就是老爸讲《三国演义》和《水浒传》的故事。由于少不更事，我很少过问他的经历，不知道也从不打听，现在想来非常后悔。而我对自己的后辈，也很少说我的过去。对我们来说这是一种遗憾，而对小辈儿则是一种缺失。如果说海河是天津人的母亲河，那墙子河就是陪我一起打闹成长的发小。让更多的年轻人了解墙子河，也是我愿意无偿捐画并出版的原因。有一首流行歌曲叫《时间都去哪儿了》，对我来说，悄悄游走的时间就在画里！

退休之后，我开始了"琴棋书画，吃饭喝茶"的新生活。我从1996年起钻研剪纸，2008年报名成为北京奥运会和残奥会志愿者，为给孙辈"交作业"还喜欢上了手工……我的这些兴趣（包括早年作画），都离不开家父的影响。父亲的脑子非常好使，我很佩服他脑子里能装那么多故事。受父亲的影响，我还知道很多戏曲曲艺演员以及他们的拿手戏，如河北梆子演员金达子和银达子的哭腔，京韵大鼓演员小彩舞的余音绕梁（后来听《四世同堂》主题曲也极亲切），京东大鼓演员刘文斌哑嗓子拖长尾音的"唉"，还有豫剧演员常香玉、山东快书演员高元钧、快板书演员李润杰等。

父亲最钟爱的还是京剧，因此不少演员和剧目我也熟悉，如梅兰芳的《贵妃醉酒》《杨门女将》《四郎探母》，李多奎的《钓金龟》，荀慧生的《锁麟囊》等。尤其荀慧生的唱段，悲切中透着一种发自内心的力量，我至今记忆犹新。父亲尤其推崇名角，如一提老生就是老演员马连良、谭富英，对当时的新秀李和曾总带些不屑。在父亲眼里,戏曲和曲艺都是阳春白雪,但评剧诗歌例外。至于相声,只是茶余饭后的小点心。那时没有电视机,一台老式的晶体管收音机,就是父亲的最大精神寄托。

父亲也喜欢花鸟鱼虫,虽然不大干家务,但整天抹布不离手,家里总是窗明几净,所以我小时候打扫卫生之类的活很少干。父亲喜静,不大合群,故此对画画很下功夫。一本小人书《鸡毛信》,他用毛笔一页页临摹下来,很得刘继卣原作的精气神。他的速写人物,寥寥几笔却栩栩如生。水彩画他也擅长,只是没有涉及油画,但是对伦布朗等名家极为钦佩。我的初中班主任张芳老师因欣赏家父的特长,曾推荐他为人民公园设计假山。我保存下来的一幅速写《人民公园》,就是跟着他去公园时画的。

说完了父亲,一定要说我的母亲。父亲给母亲画过一幅肖像,我至今认为人是可以貌相的——画中的母亲穿着那年头时兴的大襟衣衫,头发平整,可以看出是个很利索的女性;而慈祥的面容里,透露出女性的温柔和坚毅。父亲在很长时间没有工作,生活的担子都压在了母亲身上。她不但节衣缩食地供四个孩子上了大学,而且维持了父亲画画和花鸟鱼虫的"高消费"。我的哥嫂都是北京航空学院高才生,就职于第七机械工业部(现中国航天科技集团公司、中国航天科工集团公司)至退休。姐姐毕业于南开大学,本来学的是化学,后来国家要研制原子弹,为了尽快培养核技术人才,南开大学成立物理二系,从各专业选拔学业优秀的学生,她有幸被选中,毕业后一直在第二机械工业部(现中国核工业总公司)工作。四弟文复学的是机械,主要从事冶金流水线的研制。只有小弟文力,适逢上山下乡高潮,他因为属于"独留"(天津市的政策,只要父母身边只有一个孩子时,就可以不下乡),留在了天津市,进了家对面的街道小厂(大陆药厂)。当时我家基本没有固定收入,供四个大学生,母亲持家的难度可想而知。我们成家立业后,她却得了类风湿性关节炎,常年卧床不起,遭了不少罪。据她说,疼起来就像被老虎咬,其实她没让老虎咬过,这么说只是描述无法形容的痛。我总在想,是什么信念让母亲坚持供我们上学?不仅仅是"万般皆下品,唯有读书高"那么简单吧?如果我们中间有一个人早早工作,她大概也不会受那么多的累,搞垮了身体吧。

我家虽然出了四个大学生,但若说起画画的成绩,非"独留"的五弟莫属。他长于文字和画作,在街道小厂总有"英雄无用武之地"的感觉,于是自费考进河北美院。由于天资聪颖,他很快就入了门,钢笔淡彩、线描、油画和电脑设计绘画等都很擅长,特别是水彩画,造诣颇高。前几年,他因为身体不好停笔,最近为了恢复画力,又尝试着用油画棒作画,很有一些成绩。五弟和父亲一样,内秀而耿直,清高而不善交际。但这一点不影响他作画,他大病初愈就为我画了一幅贝多芬像,以后又陆续画了一些花鸟小品。随着这些画的诞生,他的身体也逐渐恢复,实乃大幸也。我还要特别说下五弟文力的孝心,他在父母身边时间最长,二老的养老送终都是多亏了他和弟妹。父母晚年生病,上医院吃药打针等比上班还频繁。都说久病床前无孝子,但这在五弟身上不适用。那段时期,他仍然能挤出点时间来作画,不是从内心对绘画喜爱,是做不到的。

四弟文复学画有段小插曲。他小时候很顽皮,似乎永远不会和画画有交集。父亲有个朋友,我们都叫他周老伯。那时只要来了客人,我们都要搬个小板凳给客人画像。那天周老伯来找父亲,四弟就学着我的样子,装模作样地拿纸胡乱涂抹。等到客人走了,我把他丢在地上的纸捡起来,一看还真像那么回事——周老伯的腰子脸,在他的笔下就是根胖点的香蕉。难得他小小年纪把人物特点抓得那么准,这不是个小天才吗?自那以后,我就多了一个画伴。所有的墙子河速写都应该是一式三份,我和四弟、五弟都画,我是领队。可惜他们的作品没有保留下来,我的成了独一份,显得弥足珍贵。

除了我们小哥仨,我的哥哥也能画两笔。记得小时候,我非常盼望在北京上学的哥哥回津,他每次都会给弟弟、妹妹带回铅笔和橡皮。而我们特别期待的,是大家围坐在他身边看他画画(应该都属于简笔画),可知他也是有绘画基础的。

尽管我们哥几个都喜欢画画,但除五弟外都没有入行。主要原因还是那时候流行的一句话——学好数理化,走遍天下都不怕。我们的学习成绩都还可以,都没有成为画家。可我们身体里的"艺术"细胞,绝对是由家父的基因在主持工作。话又扯远了,还是说我的墙子河速写吧。画面中消逝的河道和风景,只是一种物化的表象,而画里画外渗透着的,是我难忘的乡情。每次看这些画,少时的一情一景,都如昨日般浮现在眼前,久久不能忘怀。近七十张从初三到高二画的速写,经过二十多次搬家保留到现在,足以证明我是墙子河的资深粉丝。

从清咸丰十年(1860)正月统兵大臣僧格林沁挖壕筑墙算起,到1970年"7047"工程启动,墙子河在天津整整走过了一百一十年的岁月沧桑。不管它的转身多么华丽,不管地铁和通衢给人们的出行带来了多大方便,一条有着百余年历史的小河从家乡消失,不仅仅是遗憾那么简单了。我非常期待这本画集,引起人们对消失的墙子河的追念,让这条美丽的河流,给后人留下更多的记忆。

要说明的一点是,五弟宋文力一直在天津生活,对墙子河比我熟悉,所以这次出版画集,请他为每张速写做了说明,兄弟间联袂完成一件"事业",也是为当年的岁月留痕。我还要特别感谢为画集出版提供帮助的天津市和平区文化和旅游局及五大道文化旅游发展有限责任公司。

最后,将我的 23 次搬家记录附在这里,以纪念这批速写画所经历的非比寻常的前世今生:

01.天津市上海道 133 号(即贵厚里 4 号,1945—1960);

02.唐山铁道学院三分部(1960—1962);

03.唐山铁道学院二分部(1962—1964);

04.唐山铁道学院一分部(1964—1965);

05.天津市上海道 133 号(1965);

06.北京分析仪器厂(1965);

07.北京分析仪器厂 750 宿舍区(1966);

08.北京市百万庄一机部四局(1966—1967);

09.天津市上海道 133 号(1967);

10.青岛整流器厂单身宿舍(1967);

11.青岛整流器厂广播室(1967—1972);

12.青岛市市北区锦州支路 11 号(1972);

13.青岛市市南区黄岛路 32 号(1974—1979);

14.山东纺织工学院本溪路宿舍(1979—1982);

15.山东纺织工学院南京路宿舍(1982—1998);

16.青岛市市南区金湖小区 13 号楼(1998—2002);

17.青岛市市南区新贵都(2002—2004);

18.青岛市市南区金湖小区 13 号楼(2004—2006);

19.青岛市市南区金湖小区 1 号楼(2006—2009);

20.青岛市崂山区南北岭(2009—2012);

21.青岛市市南区金湖小区 13 号楼(2012—2015);

22.青岛市市南区金湖小区 8 号楼(2015—2017);

23.青岛市市南区美瓴居 3 号楼(2017);

24.天津市和平区人民政府(2017 年 11 月 6 日,这批速写画找到了最后归宿)。

2021 年 3 月 28 日　宋文铎于青岛寓庐

后记三

◎ 宋文力

三哥要出版画集，父亲、四哥和我的作品附编于后。应三哥之请，参考他的零散片段回忆，由我为这些画配说明文，让我十分开心。

这本并不算厚的画集，收藏着我们兄弟三人墙子河的美好记忆。父亲喜欢画画，经常要求我们去墙子河边写生。我和四哥于是跟着三哥，带上画具和板凳，去墙子河寻找适宜地点，各自坐下来画风景。河岸上的行人和孩子，总是好奇地旁观，为此时常形成这样的景观：我们三人的前方两侧站满人群，形成三个"小喇叭"，喇叭口朝着不同的方向。有时"喇叭口"越收越窄，阻挡了我们的视线，此时我们只好示意大家让开些。

每次外出写生，我们哥仨都至少各画一张。1960年，三哥考上唐山铁道学院，把他自己的画带走了。四哥及我的作品后来被付之一炬。现在想来挺可笑，就是几个小屁孩，用稚嫩的画笔描绘墙子河，能有什么敏感问题？但当年总是担心点儿什么。

开始写生那年我八岁，四哥大我四岁，三哥大我七岁。我画得肯定不如两个哥哥，但儿童画自有童真童趣在里面，或许更有味道和魅力呢。这些作品如果不被毁掉，兄弟仨的画放在一起出版，那可多有意思啊！真是太遗憾了！

墙子河流过我家门前，我们小时候在河边留影，没有觉得很珍贵。如今我家贵厚里附近的影像，保存下来的少之又少。记得贵厚里大门两侧，各有一根水泥装饰柱，上面有三角形装饰。拱门上有卷草纹，窗户两侧有葡萄纹，房顶女儿墙上则有宝瓶形装饰柱。大门前是一块三角形空地，乃周围孩子们的天堂——什么弹球、击剑、下棋、跳房子、跳皮筋、打羽毛球，还有神侃胡聊，所有当时孩子时兴的游戏，这里一样都不缺。

时光荏苒，岁月如梭，童稚时光如白驹过隙，青葱岁月总是禁不住消磨。尤其"上山下乡"运动后，早年伙伴陆续远赴他乡，再难见到他们的身影，空地上冷冷清清，显得十分孤寂。父母渐老，体弱多病，而膝下子女纷纷离巢，或工作，或求学，只剩我"独留"陪伴在跟前。生活重担的突然降临，让我没了画画的闲情逸致。为了讨生活过日子，我很少有闲暇。偶尔挤出些时间，也就是读读历史，看看文学，漫游书山学海，聊度光阴。

　　画集即将出版，而旧时的岁月却未曾远去！

2021 年 8 月　宋文力记于河北兴隆

编后絮语

◎ 王振良

十年前,我正热衷于搜罗各类天津史料,编印民刊《天津记忆》。某日浏览网友"啥都喜欢"的博客,一批关于墙子河的速写,引起我的浓厚兴趣——墙子河两岸的历史建筑,因为唐山地震多已无存,而有关老照片也是少之又少,这些速写某种意义上填补了一定的缺憾。于是我与宋文铎先生取得联系,商量将这些速写编印成册。不久,"天津记忆"团队的"龙猫"赶赴青岛,与文铎先生洽谈了具体的结集出版事宜,并携回重新扫描适合印刷的电子图档,这才有了《天津记忆》第98期《墙子河速写》。

文铎先生1943年生于天津,父名宋亮生(字崇熙),母名贾碧华(字秀瑜)。文铎先生早年就读旅津浙江小学、天津市第二十中学、天津市第一中学。1960年他考入唐山铁道学院(今西南交通大学)应用数学专业,1965年毕业后到北京工作,1967年被调至青岛整流器厂。其后他曾在青岛大学任教,教授概率和数理统计,担任过山东省政协委员和山东省青联委员,现为青岛市美术家协会会员。

文铎先生在兄弟姐妹中排行第三,大姐文兰、二哥文治、四弟文复、五弟文力。他们幼受父亲熏陶,尽皆酷爱艺术,且多能画上几笔。文铎先生上大学时,迷恋剪纸并研习至今。2003年退休之后,多年对艺术的痴迷让他如鱼得水。2008年北京奥运会和残奥会时,文铎先生志愿参加服务,在青岛音乐广场和五四广场为游客制作剪纸等,并作为优秀志愿者受到表彰。他还经常到小学和幼儿园进行美育教学,在纸粘土工艺制作上取得不错的成绩。文铎先生的爱好涉及文学、音乐、体育、美术等方面,每每为之废寝忘食,真可谓退而不休,日子越过越美。他甚至在崂山租了三间农舍,吃着用农家肥种出的地瓜、芋头和蔬菜等,不时过上一段田园生活,这更是只能用优哉游哉来形容了。

2011年《墙子河速写》内部印行后,很快被师友索取一空。大家交口称誉的同时,也陆续发现不少文字疏漏。2017年,文铎先生将速写原件捐赠给和平区政府。今年春节后不久,和平区文旅局委托我重新整理编辑这些速写,拟交百花文艺出版社出版。我愉快地接受了任务,因为它给了我修正《墙子河速写》错讹的机会。虽然已有旧稿作为基础,可是编辑难度依然很大,工作断续进行了将近半年,其中难点就是画中景观地理位置的认定。整个编辑期间,我们主要做了如下工作:

一是请文力先生参照文铎先生的回忆,为每幅画拟写新的说明文字。因为文力先生一直生活在天津,比长期寓居青岛的文铎先生更熟悉墙子河。

二是召开专题论证会,邀请从事天津老照片研究的张诚、张翔、傅磊、韩军、周梦媛等,针对画中景物逐一辨析,尽量避免出现识别上的错误。

三是将亮生先生和文复先生、文力先生残存及补绘的墙子河美术作品辑为副编,同样由文力先生配写说明文字,使父子四人画作相互映衬,相得益彰。

四是将文铎先生为《墙子河速写》所作的"代序"和"后记"移置本书并予以注明,便于读者对画集的图片文字变化和十年出版历程有个全面了解。

五是文铎先生为《墙子河速写》所绘四幅示意图,因便于解读画集的内容,今针对新的编排略事修改后,移到本书前面作为插页。

六是作品以文铎先生为主按人编排,根据画面地理空间大体沿墙子河由西到东列序。诸画均据内容拟名以便翻检,标有创作时间的括注于名字后。

七是虽然经过多方求证,文铎先生仍有三张画作内容难以确定,不再无限期地纠缠琐屑,编排时置于其画作最后,望识者见告,以便将来完善。

此外,还有一些细节处理,因为无关宏旨,这里就不再啰唆了。亮生先生和文铎先生、文复先生、文力先生为墙子河写生,已是五十多年前的事情了。希望这些珍存下来的"旧影",能够在某种程度上唤醒天津城市关于墙子河的历史文化记忆。编后絮叨如上,冀对读者理解画集有所帮助!

最后,感谢史学家罗澍伟先生惠赐美序。

2021年8月15日　王振良草于沽上饱蠹斋